LES ARMÉNIENS

EN TURQUIE

PARIS

IMPRIMERIE BALITOUT, QUESTROY ET Cᵉ

7, rue Baillif, 7

LES

ARMÉNIENS

EN TURQUIE

PARIS

E. DENTU, LIBRAIRE-ÉDITEUR

PALAIS-ROYAL, 15-17-19, GALERIE D'ORLÉANS

1880

LES ARMÉNIENS

EN TURQUIE

I

Au moment où s'agitent dans les conseils de l'Europe tant de questions pendantes dont la solution intéresse vivement les nationalités chrétiennes de l'Orient, nous avons cru devoir donner ici un aperçu général de la situation des Arméniens en Turquie. Et d'abord quels étaient les Arméniens dans les temps passés? Leur histoire existe; mais elle n'est point assez connue. La domination ottomane a jeté sur ce peuple infortuné le linceul de la servitude et de l'oubli. Soumis au joug des Turcs, les Arméniens leurs sont restés fidèles, et aujourd'hui encore, que l'Europe émue et compatissante cherche à alléger leurs souffrances, ils demandent à rester toujours sous l'égide du Sultan et se contentent de quelques garanties pour leur sécurité personnelle. Ils sont pourtant dignes d'intérèt! Si le présent ne nous offre que le triste spectacle d'un peuple en butte à la misère et victime de la persécution, le passé des Arméniens, suivant l'expression d'un historien anglais, fut noble et grand, et cette nation si malheureuse eut autrefois ses splendeurs et ses gloires.

II

Les Arméniens habitaient jadis une vaste contrée limitée :·au nord, par la Colchide, l'Ibérie et le Chirwan; à l'est, par la mer Caspienne et la Perse; au sud par la Médie, l'Assyrie et une chaîne des monts Taurus; à l'ouest, par la Cappadoce et l'Asie Mineure proprement dite. Elle comprend ainsi la grande Arménie et la petite Arménie, divisées en plusieurs provinces dont quelques--unes sont aux mains de la Russie et les autres dans celles des Persans et des Turcs. Ces dernières qui relèvent directement de la Turquie, sont sans contredit les plus éprouvées. On peut même dire, sans crainte d'être démenti, que les Arméniens qui sont sous la domination russe jouissent d'un sort dont leurs frères de la Turquie d'Asie auraient quelques raisons de se montrer jaloux. Il n'existe, en effet, aucune distinction entre eux et les autres sujets du czar. N'a-t-on pas vu dans la dernière guerre le général Louis Mélikoff commander l'armée russe qui opérait en Asie et entrer victorieux dans la ville de Kars, et ne voit-on pas aujourd'hui ce même général occuper une des fonctions les plus hautes et les plus importantes de l'empire moscovite? Or, le général Loris Mélikoff est un Arménien, ainsi que son nom l'indique. Nous pourrions en citer plusieurs autres exemples.

Les Arméniens appartiennent, par leur origine, à la race caucasienne, dont ils représentent un des plus beaux types. En remontant aux temps les plus reculés, on constate qu'ils sont un des peuples les plus anciens du globe. Moïse de Khorène place les commencements de leur histoire en l'an 2400 avant Jésus-Christ et compte quatre dynasties: la dynastie *Haygazienne*, fondée par Haïg, le contemporain de Nemrod, et dont le dernier roi vécut au temps d'Alexandre le Grand, la dynastie *Arsacide*, qui s'empara du trône en l'an 150 avant Jésus-Christ, et dont la fin remonte à l'an 433 de l'ère chrétienne; la dynastie *Bogratide*, qui commença en 885 après Jésus-Christ et finit en 1079; enfin la dynastie *Roupénienne*, qui régna de 1080 à 1375, et dont le dernier représentant mourut à Paris, le 22 novembre 1393.

Les Mèdes, les Assyriens, les Macédoniens, les Perses, les Grecs et les Arabes se disputèrent le trône d'Arménie. Au douzième siècle de l'ère chrétienne, la puissance des Turcs en Asie Mineure ayant subi une éclipse passagère, ce fut la domination tatare ou mogole qui la remplaça ; mais celle-ci ne tarda pas à disparaître sous l'invasion des Turcomans venus de l'Asie ceutrale. Une lutte acharnée s'engagea alors entre les Persans et les Turcs pour la possession de l'Arménie. Elle eut pour résultat le démembrement de ce royaume et son partage entre les deux pays rivaux. Bientôt la Russie vint réclamer sa part des dépouilles des vaincus et l'Arménie se trouva ainsi partagée en trois portions inégales. La plus importante fut celle qui échut à l'empire ottoman.

En poussant plus loin nos investigations dans le domaine de l'histoire, nous trouvons que les anciens rois d'Arménie ont eu des relations fréquentes avec les souverains étrangers. Et, pour ne parler ici que de ceux de la quatrième dynastie, qui ont été mêlés aux événements de notre histoire nationale au moyen âge, on voit Constantin Ier, roi d'Arménie, combattre avec les Croisés ; Thoros II, qui s'allia à Baudouin III, roi de Jérusalem, contre Nour-ed-Dine, sultan d'Alep ; Léon II, qui fut également l'allié de Frédéric Barberousse contre les Sarrasins ; enfin Léon de Lusignan, qui fut le dernier roi d'Arménie.

Le dévouement des Arméniens à la cause du christianisme et de la civilisation n'est pas d'ailleurs le seul titre dont ils puissent se prévaloir devant l'Europe.

Dans ces pays asiatiques, où le despotisme est la règle invariable de tout gouvernement, ils ont su établir autrefois un régime monarchique dont le pouvoir était tempéré par une sage législation. On en trouve les vestiges dans l'histoire de Moïse de Khorène et dans le Code de Mekhithar-Koch, qui date de 1184. Les progrès qu'ils ont accomplis dans les sciences et les arts méritent également d'être connus et appréciés. Ceux qui ont visité les ruines d'Ani, capitale des rois bogratides et témoin de la puissance des Arméniens, peuvent se faire une idée du degré de civilisation auquel ce peuple était arrivé. M. Victor Langlois, parlant de la littérature arménienne, dit qu'elle est une des plus fécondes et des plus intéressantes de l'Orient. « Les anciens écrivains arméniens, ajoute le savant orientaliste, ont abordé presque tous les genres de littérature et, bien que leurs compositions, soit en prose, soit en vers, se ressentent profondément de l'influence religieuse exercée sur le peuple par le clergé national, néanmoins, leur littérature profane est beaucoup plus riche que celle des autres nationalités chrétiennes de l'Asie. » La littérature moderne a fait, depuis trente ans, de grands progrès en Arménie, et beaucoup de personnes en Europe seraient peut-être étonnées d'apprendre que la plupart des classiques français sont traduits en langue arménienne. D'autres écrivains s'occupent

de tous les genres de littérature, modestes pionniers
de la science et de la civilisation qui travaillent dans
le silence et la douleur.

III

Les statistiques officielles nous font défaut pour
connaitre exactement le chiffre de la population arménienne en Turquie; ou, si elles existent quelque
part, on ne peut guère y ajouter foi. Il y a, en revanche,
dans les communautés chrétiennes des documents
qui tiennent lieu au besoin de registres de l'état
civil. Chaque église, si humble qu'elle soit, par cela
même que tous les fidèles y sont baptisés, inscrit sur
un livre leurs noms et la date de leur naissance. En
se tenant à ces statistiques et en consultant les écrits
de plusieurs voyageurs, entre autres ceux de Salahe-
dine-Bey, qui a publié il y a quelques années un ou-
vrage complet sur l'Exposition universelle de 1867,
on peut établir les chiffres suivants : on compte
dans l'empire ottoman 2,400,000 Arméniens, dont
400,000 dans la Turquie d'Europe et 2,000,000 dans
la Turquie d'Asie; 800,000 en Russie; 250,000 en
Perse; 25,000 en Autriche; 20,000 en Afrique et aux
Indes; 5,000 disséminés dans les diverses contrées de

l'Europe. Le chiffre total de la population arménienne s'élève donc à 3,500,000, dont les deux tiers
sont en Turquie.

La situation des Arméniens dans l'empire ottoman n'est que trop connue. Jamais situation plus
douloureuse n'a existé pour un peuple qui ne peut
jouir en paix ni de sa sécurité personnelle, ni du fruit
de son labeur, qui subit toutes les humiliations, dont
les femmes et les filles sont à la merci des bandits
protégés par les fonctionnaires de la Porte et qui
n'a jamais été plus persécuté que depuis le jour où
l'Europe lui a témoigné quelque compassion. A
voir depuis quelques temps la recrudescence des
crimes qui se commettent en Arménie on dirait, sans
oser encore y croire, que le gouvernement turc a
juré la perte des Arméniens, et que, si elle n'a pas
été consommée, c'est peut-être grâce à la Russie, dont
les dernières victoires ont laissé dans l'âme des Kurdes, préposés à leur extermination, une crainte salu-
taire qui les rend, sinon plus humains, du moins
plus circonspects. En attendant, ils poursuivent en
détail cette œuvre de destruction sous les yeux des
autorités turques.

Les exploits des Kurdes contre les Arméniens et
la connivence des agents de la Porte se trouvent,
d'ailleurs, clairement expliqués dans les rapports
que les consuls anglais, établis depuis peu en Asie

Mineure, adressent à leur gouvernement, et qui ont soulevé, plus d'une fois, les légitimes protestations des membres de la Chambre des Communes et de la Chambre des Lords, ainsi que l'indignation des ministres de la reine, qui ont vu dans les actes des fonctionnaires de la Porte une complicité à peine déguisée.

Mais le gouvernement turc est-il responsable de l'état des choses qui existe en Arménie? Personne ne peut en douter. Cependant, il serait injuste de ne pas reconnaître qu'en dernier lieu il a fait un effort pour veiller à la sécurité des chrétiens. Ayant envoyé en Arménie, il y a un an, un gouverneur énergique, Abdine-Pacha, aujourd'hui ministre des affaires étrangères de Turquie, celui-ci fit exiler, dit-on, vingt des principaux chefs kurdes; mais un mois après ces mêmes chefs rentraient chez eux et Abdine Pacha était remplacé par un autre gouverneur plus complaisant envers les Kurdes. Ce seul fait démontre la mesure des faiblesses de la Porte envers ses sujets musulmans et l'inanité de ses efforts pour protéger les Arméniens. Mais on trouvera peut-être l'explication de cette situation si pénible et en même temps si digne de sympathie dans les pages suivantes extraites du *Mémoire* présenté aux grandes puissances au nom de la nation arménienne, à la veille de la réunion du congrès de Berlin. Jamais exposé plus lucide et plus vrai n'a été fait de la question qui nous occupe.

« La question d'Orient, dit ce mémoire, est la question de l'affaiblissement de l'empire ottoman, compliqué du fait de la coexistence des musulmans et des chrétiens dans certaines parties de la Turquie. Ce qui constitue le côté irritant de la question, ce qui rend le danger imminent, ce qui tend à précipiter les solutions au détriment des intérêts conservateurs de l'Europe, c'est cette complication, cette coexistence devenue impossible dans les conditions actuelles, ce sont les graves désastres qu'elle provoque.

» La Turquie a plusieurs États, grands et petits, pour voisins. Aucune question de voisinage ou d'intérêt matériel n'a servi jusqu'ici de prétexte à un soulèvement entre des populations appartenant à une même origine et professant la même croyance. D'un autre côté, les parties de la Turquie qui sont exclusivement habitées par des musulmans sont restées en dehors de l'agitation causée par la question d'Orient.

» On doit en conclure que tout danger de cata- ou de solution précipitée disparaîtrait si l'on parvenait à résoudre la question de savoir de quelle manière peuvent vivre ensemble les musulmans et les chrétiens.

» Les puissances européennes qui ont fait la guerre de Crimée pour défendre la Turquie contre la Russie ont senti que leurs victoires seraient impuissantes à conjurer le danger et à clore définitivement la question d'Orient. Elles se sont occupées du sort des chrétiens. Le hatti-humayoun de 1856 est l'expression de leur politique à cet égard, politique de paix et de prévoyance. On ne peut pas dire que ces réformes ne contiennent en germe tout ce qui doit assurer aux chrétiens la sécurité de leurs biens, de leur vie et de de leur honneur, et leur égalité avec les musulmans. Depuis cette époque, de nouvelles réformes, conçues dans le même esprit et servant de développement aux premières, ont été promulguées à des dates différentes et, en dernier lieu, un suprême effort d'égalité et de fusion même a été fait par la proclamation de la constitution ottomane. Tous ces efforts n'ont abouti qu'à l'impuissance. Le chrétien a continué à gémir dans son infériorité vis-à-vis du musulman, et l'égalité politique comme l'égalité civile n'ont été qu'un vain mot. Partout où l'autorité est musulmane, le même résultat, constant, invariable, s'est produit : à savoir que les lois ont été impuissantes à protéger le chrétien contre le musulman. Poussé dans ses derniers retranchements par les nouvelles institutions et par les garanties dont on a voulu entourer l'œuvre de la justice, l'esprit de l'islamisme a dû prendre des détours pour rendre ces institutions et ces garanties illusoires. Si le juge qui prononce la sentence peut être un chrétien, le bras qui l'exécute est, dans tous les cas, celui d'un musulman.

» La Sublime-Porte, on serait mal venu à le contester aujourd'hui, a fait preuve de bonne volonté. Mais elle a promis l'impossible. — Abstraction faite de tout ce qui constitue et protége l'égalité politique, une autorité musulmane ne saurait, sans mentir à sa religion, admettre et pratiquer deux choses : la liberté de conscience proprement dite et la justice distributive, ces deux fonctions essentielles de tout gouvernement. La liberté de conscience, en Turquie, ne signifie que la liberté du chrétien de se faire musulman. Jamais une autorité musulmane ne tolérera et n'a toléré la conversion au christianisme d'un musulman, voire même d'un chrétien devenu un moment musulman. On ne peut citer un seul exemple d'une pareille conversion qui ait été tolérée. Le principe de la liberté de conscience n'est applicable qu'aux différentes Églises chrétiennes dans leurs relations entre elles. Il en est de même de la justice distributive. La religion n'exerce aucune influence, si ce n'est par les lois qui en font partie intégrante, dans l'administration de la justice, lorsqu'il s'agit de chrétiens entre eux ; mais le musulman qui lèse un chrétien sera toujours privilégié devant la justice, qui n'admet et n'admettra que le témoignage des musulmans.

» Ces deux ordres de faits, dans lesquels éclate l'esprit d'exclusivisme dont toute autorité musulmane est imprégnée, par cela même qu'elle est essentiellement une autorité religieuse, n'ont été cités que pour faire mieux ressortir les effets d'un système que tout fonctionnaire musulman est forcé de suivre à cause du caractère dont il est revêtu et dont se ressentent ses relations journalières avec ses administrés, fût-il lui-même personnellement le plus éclairé et le mieux intentionné.

» On serait injuste d'accuser les hommes. On se trouve en face d'une impossibilité. L'action puissante de l'Europe s'y est heurtée ; le patriotisme et la sagesse des hommes d'Etat de la Turquie elle-même y ont échoué. On peut le dire hardiment : de nouvelles réformes seraient de nouveaux subterfuges et de nouvelles complications. Elles n'offriraient jamais une solution. Si l'esprit d'exclusivisme des autorités musulmanes est un fait patent, incontestable, fatal ; s'il est dans la nature des choses ; s'il n'est pas susceptible d'amendement ; s'il est l'esprit de la religion musulmane elle-même et si cette religion est le *Credo* politique de tout fonctionnaire musulman, étant donné le caractère théocratique du gouvernement, il en résulte que la question des chrétiens en Turquie, qui, comme il a été dit plus haut, est elle-même le côté irritant de la grande question d'Orient, ne saurait trouver sa solution que dans un changement des conditions de la coexistence des chrétiens avec les musulmans.

» Une autorité chrétienne peut seule pratiquer l'égalité, seule elle peut assurer la justice, seule elle peut appliquer la liberté de consience. Elle doit donc remplacer l'autorité musulmane partout où il y a agglomération de chrétiens. Dans ce cas se trouvent presque toutes les provinces de la Turquie d'Europe et en Asie, l'Arménie et la Cilicie. C'est cette solution que viennent à leur tour solliciter les Arméniens de la Turquie. Non-seulement ils croient avoir un droit égal aux autres populations chrétiennes de la Turquie à la sollicitude des puissances européennes, mais ils croient aussi que la régularisation de leur sort est désormais un des éléments indispensables de la solution de la question d'Orient.

» Ayant perdu leur indépendance depuis cinq siècles, une partie des Arméniens, fuyant devant la persécution des hordes barbares qui envahissaient l'Arménie, s'est disséminée sur toute la surface de la terre ; mais une grande partie est restée attachée au sol natal où elle a su garder, avec ses autels, le culte de ses souvenirs nationaux. Plus de deux millions d'Arméniens peuplent les provinces de l'Arménie Majeure et de la Petite Arménie. Encore aujourd'hui ils sont environnées par des hordes sauvages qui ne sont pas composées de Turcs, mais qui sont les protégés de ces

derniers en leur qualité de musulmans, et qui impu-
nément, depuis des siècles, pillent, violent et mas-
sacrent. Si les Bulgares et les Grecs ont souffert dans
la Turquie d'Europe, les Arméniens en Asie ont dou-
blement souffert à cause de la présence de ces mêmes
hordes sauvages et à cause aussi de l'absence de tout
gouvernement et du contrôle effectif de l'Europe. On
peut même dire que ce qui n'a été qu'un fait pério-
dique en Roumélie est l'état normal en Arménie, et
ce peuple, pour lequel le plus grand poète anglais a
pu rendre ce témoignage que « de tous les peuples de
» la terre il est peut-être celui dont les annales sont
» le moins souillées de crimes », voit journellement,
en plein dix-neuvième siècle, ses foyers brisés, son
honneur souillé et ses autels profanés.

» Les Arméniens sont peut-être de tous les chétiens
d'Orient, ceux qui, depuis la guerre de Crimée et en
face des promesses solennellement faites, se sont
laissés aller à l'espérance. Ils ont voulu espérer tant
qu'il s'est trouvé en Europe et parmi les Turcs eux-
mêmes des hommes qui ont espéré; et, pendant tout
ce temps, ils ont tenu à n'apporter, quant à eux,
aucune entrave, aucun embarras au gouvernement.
Ils peuvent le dire tout haut, la Sublime-Porte n'a eu
à enregistrer à leur charge le moindre acte de sédi-
tion. Leurs meilleurs enfants l'ont secondée dans
toutes ses tentatives d'amélioration et de réformes.

Ils assistent aujourd'hui à la déroute de toutes les espérances. Mais ils ont foi dans leur avenir et ils conservent l'espoir de voir pour eux-mêmes de meilleurs jours sous le régime administratif qu'ils demandent, qui seul peut les sauver et qui seul aussi peut sauver l'Orient de futures et graves complications. La sollicitude des puissances européennes s'est déjà étendue sur eux. Cette sollicitude ne peut qu'être partagée par l'opinion publique en Europe.

» Qu'arriverait-il si les Arméniens étaient laissés, comme par le passé, sous l'administration des fonctionnaires musulmans?

» Leur condition s'aggraverait! A toutes les causes d'oppression viendra se joindre la recrudescence de fanatisme que la guerre actuelle, entreprise à la suite de la conférence de Constantinople et au nom des chrétiens, a propagé dans toutes les classes de la population musulmane. D'un autre côté, les musulmans fanatiques de la Turquie d'Europe s'en vont et s'en iront en Asie. Ils y apporteront leur haine inassouvie.

» Et tandis que les Arméniens se verront, en deçà des nouvelles possessions de la Russie, voués à la persécution et à la ruine, à côté d'eux, sur le territoire russe nouvellement annexé, ceux qui partageaient hier encore leur sort ont commencé à mener une nouvelle vie, sous l'égide des lois et sous un gouvernement chrétien. Les Arméniens de la Turquie pourraient-ils continuer à supporter patiemment cet état de choses? Ils sont loin de se livrer aux idées d'ambition politique. Ce qu'ils demandent, c'est d'avoir dans l'Arménie de Turquie *une organisation chrétienne* entourée des mêmes garanties que dans le Liban; c'est d'être administrés à la faveur de ce régime par des fonctionnaires arméniens et de rester, comme ils l'ont toujours été, les fidèles sujets du Sultan. Ils le demandent au nom de tout ce qu'ils ont souffert, au nom de leurs intérêts les plus vitaux; ils le demandent aussi au nom de la paix de l'Orient et au nom de l'intérêt qu'a l'Europe à une solution définitive de la question d'Orient. »

IV

Là, en effet, est la vraie solution : créer une administration chrétienne là où les chrétieus sont en nombre, en l'entourant de garanties sérieuses et durables, tel est le remède au mal que l'on veut guérir, le seul efficace et qui s'impose d'ailleurs comme une nécessité politique à laquelle il est impossible d'échapper. Les Puissances l'ont compris. Aussi, au Congrès de Berlin, ont-elles stipulé que les provinces chrétiennes de la Turquie d'Europe, outre celles qui jouissent déjà de leur autonomie, bénéficieraient à leur tour d'un règlement administratif qui serait révisé par une commission européenne. Les Arméniens non plus n'ont pas été oubliés dans cette circonstance, et l'article 61 du traité de Berlin est de ceux qui consacrent hautement la sollicitude des Puissances pour cette nation si cruellement éprouvée. Seulement, on peut bien le dire, cet article est vague ou plutôt il est incomplet; car s'il affirme « la nécessité des améliorations » à introduire en Arménie, il n'indique pas la nature des réformes qui doivent y être appliquées.

Or, c'est ce qu'il importe avant tout de déterminer, sous peine de nullité des dispositions contenues dans le traité. Les Arméniens, en sollicitant de la Porte ottomane et des grandes puissances l'adoption pure et simple du règlement organique du Liban, ont tranché la difficulté. Ils ne pouvaient assurément se montrer plus modérés dans leurs demandes. L'article 61 du traité de Berlin, en établissant la nécessité d'un contrôle européen pour l'administration de l'Arménie, enlève au gouvernement turc la seule objection sérieuse qu'il eût pu faire, celle de ne point vouloir se soumettre à ce contrôle. Les dispositions du règlement organique du Liban n'affectent d'ailleurs en rien la souveraineté de la Porte. C'est elle, en effet, qui nomme le gouverneur et lui délègue les pouvoirs nécessaires ; c'est en son nom que les impôts sont prélevés et c'est d'elle seule que relève l'administration, les Puissances ne s'étant réservé, dans ce cas, qu'un droit de contrôle et de surveillance.

Bien des considérations politiques pourraient être invoquées ici en faveur des Arméniens. La Turquie elle-même est intéressée à ce qu'ils soient enfin satisfaits de leur sort, car elle ne saurait prétendre que, persécutés et honnis comme ils le sont aujourd'hui, ils lui restassent fidèles. D'autres aspirations tout aussi légitimes pourraient prendre au besoin la place de celles que nous venons d'indiquer. Pourquoi, d'ailleurs, les Arméniens se résigneraient-ils à rester éternellement malheureux sous la domination turque, quand, à côté d'eux, sur le territoire nouvellement conquis par la Russie et dans tout le Caucase, leurs frères vivent paisiblment sous l'égide du czar? Nous devons rendre à la Russie cette justice que, loin de s'opposer à ce que les Arméniens de la Turquié d'Asie s'administrent eux-mêmes elle paraît y être favorable. C'est là, d'ailleurs, le secret de la force de la politique traditionnelle de la Russie en Orient; elle a toujours favorisé les aspirations des populations chrétiennes de la Turquie quand elle ne s'est pas armée elle-même pour leur délivrance. Et qu'importe aux chétiens d'Orient que cette politique cache des desseins ambitieux, puisqu'ils y trouvent l'indépendance, la sécurité et le bien-être! Si donc l'Europe désire réellement empêcher le développement de la puissance russe en Asie Mineure, elle est tenue de faire droit aux légitimes aspirations des Arméniens ; car, si cette satisfaction leur était refusée, ils n'auraient plus qu'à se jeter dans les bras de la Russie. Puis, qui peut prévoir ce que l'avenir réserve à l'Empire Ottoman, que des secousses successives ont déjà fortement ébranlé ? Les Puissances n'ont sans doute qu'un désir, c'est qu'il vive ; mais les événements ne marchent pas toujours à leur gré. Avant cinquante ans peut-être, un cataclysme pourrait se produire de nouveau et compromettre à jamais l'existence de l'Empire Ottoman ; alors la civilisation occidentale, qui semble confinée en Europe, franchira les détroits pour se répandre en Asie, et les puissances trouveront dans les Arméniens un peuple acquis depuis longtemps aux progrès et aux idées modernes, et dans lequel s'incarne le principe fécond et régénérateur de toute civilisation : une foi ardente dans la liberté, jointe à un grand amour du bien et du beau.

Voyez de quelle manière on a procédé pour les Provinces Danubiennes, ainsi que pour les chrétiens de la Péninsule des Balkans. Si la Serbie et la Roumanie n'avaient pas joui depuis bien des années d'une autonomie spéciale, auraient-elles été préparées à recevoir des mains de l'Europe leur indépendance, et les

Puissances elles-mêmes auraient-elles pu accorder aux Bulgares leur autonomie? Qui peut dire, dès lors, que la même situation ne se présentera pas en Asie?

Nous livrons ces réflexions à l'attention des hommes d'Etat européens; mais si toutes les considérations que nous venons d'indiquer n'existaient pas, il y en aurait une toute d'humanité et de charité qui militerait en faveur des Arméniens, devenus la proie des Kurdes et des Circassiens. Aujourd'hui, pour comble de malheur, la famine sévit dans cette contrée et augmente l'horreur d'une situation qui rappelle les temps les plus sombres de l'histoire du moyen âge. Le gouvernement turc, aux prises lui-même avec des difficultés sans nombre, ne peut venir en aide aux malheureux affamés, ni même les protéger contre leurs cruels persécuteurs.

Le temps n'est-il pas enfin venu de mettre un terme aux souffrances de ce peuple en lui assurant une existence honorable et paisible, et, si la Porte refuse son concours à cette œuvre éminemment civilisatrice, ne peut-on pas la contraindre à accepter une réforme aussi urgente?

RÈGLEMENT ORGANIQUE DU LIBAN

Article premier. Le Liban sera administré par un gouverneur chrétien nommé par la Subllme-Porte et relevant d'elle directement.

Ce fonctionnaire amovible sera investi de toutes les attributions du pouvoir exécutif, veillera au maintien de l'ordre et de la sécurité publique dans toute l'étendue de la Montagne, percevra les impôts et nommera sous sa responsabilité, en vertu du pouvoir qu'il recevra de S. M. I. le Sultan, les agents administratifs ; il instituera les jugcs, convoquera et présidera le medjlis administratif central et procurera l'exécution de toutes les sentences légalement rendues par les tribunaux, sauf les réserves prévues par l'art. 9.

Art. 2. Il y aura, pour toute la Montagne, un medjlis administratif central composé de douze membres, savoir : deux Maronites, deux Druses, deux Grecs orthodoxes, deux Grecs catholiques, deux Métualis et deux Musulmans, chargé de répartir l'impôt, contrôler la gestion des revenus et des dépenses, donner son avis consultatif sur toutes les questions qui lui seront posées par le gouverneur.

Art. 3. La Montagne sera divisée en six arrondissements administratifs, savoir :

1° Le Koura, y compris la partie inférieure et les autres fractions de territoire avoisinantes dont la population appartient au rite grec orthodoxe, moins la ville de Tripoli, située sur la côte et à peu près exclusivement habitée par les musulmans.

2° La partie septentrionale du Liban, sauf Koura, jusqu'à Nahr-el-Kelb.

3° Zahlé et son terrtoire.

4° Le Metten, y compris le Sahel chrétien et les [territoires du Kateh et de Salima.

5° Le territoire situé au sud de la route de Damas à Beyrouth, jusqu'à Djezzin.

6° Le Djezzin et le Zaffoh (1).

Il y aura dans chacun de ces arrondissements un agent administratif nommé par le gouverneur et choisi dans le rite dominant, soit par le chiffre de la population, soit par l'importance de ses propriétés.

Art. 4. Il y aura dans chaqne arrondissement un medjlis administratif local composé de trois à six membres représentant les divers éléments de la population et les intérêts de la propriété foncière de l'arrondissement.

Ce medjlis local, présidé et convoqué annuellement par le chef de l'arrondissement, devra résoudre en premier ressort toutes les affaires du contentieux administratif, entendre les réclamations des habitants, fournir les renseignements nécessaires à la répartition de l'impôt dans l'arrondissement, et donner son avis constaté sur toutes les questions d'intérêt local.

Art. 5. Les arrondissements administratifs seront subdivisés en cantons, dont le territoire à peu près réglé sur celui des anciens aklim ne renfermera, autant que possible, que des groupes homogènes de population, et les cantons ou communes qui se composeront, chacune, d'au moins 500 habitants. A la tête de chaqne canton il y aura un agent nommé par le gouverneur, sur la proposition du chef de l'arrondissement, et à la tête de chaque commune un cheïk choisi par les habitants et nommé par le gouverneur.

Dans les communes mixtes, chaque élément constitutif de la population aura un cheïk particulier, dont l'autorité ne s'exercera que sur ses coreligionnaires.

Art. 6. Égalité de tous devant la loi, abolition de tous privi-

---

(1) Un septième arrondissement a été formé dans la partie septentrionale du Liban.

léges féodaux et notamment de ceux qui appartenaient aux Mokatadjis.

Art. 7. Il y aura dans chaque arrondissement un medjlis judiciaire de 1re instance composé de trois à six membres représentant les divers éléments de la population, et au siége du gouvernement un medjlis supérieur, composé de 12 membres dont deux appartenant à chacune des communautés désignées en l'article 2, auxquels on adjoindra un représentant des cultes protestant et israélite toutes les fois qu'un membre de ces communautés aura des intérêts engagés dans le procès. La présidence du medjlis sera exercée trimestriellement, et à tour de rôle, par chacun de ses membres.

Art. 8. Les juges de paix jugeront sans appel jusqu'à concurrence de 500 piastres. Les affaires au-dessus de 500 piastres seront de la compétence des medjlis judiciaires de 1re instance.

Les affaires mixtes, c'est-à-dire entre particuliers n'appartenant pas au même rite, quelle que soit la valeur engagée dans le procès, seront indistinctement portées devant le medjlis de 1re instance, à moins que les parties ne soient d'accord pour reconnaître la compétence du juge de paix.

En principe, toute affaire sera jugée par la totalité des membres du medjlis. Néanmoins, quand toutes les parties engagées dans le procès appartiendront au même rite, elles auront le droit de récuser le juge appartenant au rite différent, mais dans ce cas même les juges récusés devront assister au jugement.

Art. 9. En matière criminelle il y aura trois degrés de juridiction. Les contraventions seront jugées par les juges de paix; les délits par les medjlis de 1re instance, et les crimes par le medjlis judiciaire supérieur, dont les sentences ne pourront être mises à exécution qu'après l'accomplissement des formalités d'usage dans le reste de l'empire.

Art. 10. Tout procès en matière commerciale sera porté devant le tribunal de commerce de Beyrouth, et tout procès même en matière civile entre un sujet ou un protégé d'une puissance étrangère et un habitant de la Montagne, sera soumis à la juridiction de ce même tribunal.

Art. 11. Tous les membres des medjlis judiciaires et administratifs, sans exception, ainsi que les juges de paix, seront choisis et désignés après une entente avec les notables, par les chefs de leurs communautés respectives et institués par le gouverneur.

Le personnel des medjlis administratifs sera renouvelé par moitié tous les ans, et les membres sortants pourront être réélus.

Art. 12. Tous les juges seront rétribués. Si, après enquête, il est prouvé que l'un d'eux a prévariqué, ou s'est rendu, par un fait quelconque, indigne de ses fonctions, il devra être révoqué et sera, en outre, passible d'une peine proportionnée à la faute qu'il aura commise.

Art. 13. Les audiences de tous les medjlis seront publiques et il en sera rédigé procès-verbal par un greffier institué *ad hoc*. Ce greffier sera, en outre, chargé de tenir un registre de tous les contrats portant aliénation des biens immobiliers, lesquels contrats ne seront valables qu'après avoir été soumis à la formalité de l'enregistrement.

Art. 14. Les habitants du Liban qui auraient commis un crime ou délit dans un autre sandjak, seront justiciables des autorités de ce sandjak, de même que les habitants des autres arrondissements qui auraient commis un crime ou délit dans la circonscription du Liban, seront justiciables des tribunaux de la Montagne. En conséquence, les individus indigènes ou non indigènes qui se seraient rendus coupables d'un crime ou délit dans le Liban, et qui se seraient évadés dans un autre sandjak, seront, sur la demande l'autorité de la Montagne, arrêtés par celle où ils se trouvent et remis à l'administration du Liban. De même les indigènes de la Montagne ou les habitants d'autres départements, qui auront commis un crime ou délit dans un sandjak quelconque autre que le Liban et qui s'y seront réfugiés, seront sans retard arrêtés par l'autorité de la Montagne, sur la demande de celle du sandjak intéressé, et seront remis à cette dernière autorité.

Les agents de l'autorité qui auraient apporté une négligence ou des retards non justifiés dans l'exécution des ordres relatifs au renvoi des coupables devant les tribunaux compétents, seront, comme ceux qui chercheraient à dérober les coupables aux poursuites de la police, punis conformément aux lois. Enfin, les rapports de l'administration du Liban avec l'administration respective des autres sandjaks seront exactement les mêmes que les relations qui existent et qui seront entretenues entre tous les autres sandjaks de l'empire.

Art. 15. En temps ordinaire, le maintien de l'ordre et l'exécution des lois seront exclusivement assurés par le gouverneur, au moyen d'un corps de police mixte, recruté par la voie des engagements volontaires et composé de sept hommes environ par mille habitants.

L'exécution par garnisaires devant être abolie et remplacée par d'autres modes de contrainte, tels que la saisie et l'emprisonnement, il sera interdit aux agents de police, sous les peines les plus sévères, d'exiger des habitants aucune rétribution soit en argent, soit en nature. Ils devront porter un uniforme ou quelque signe extérieur de leurs fonctions, et dans l'exécution d'un ordre quelconque de l'autorité, employer autant que possible des agents appartenant à la nation ou au rite de l'individu que cette mesure concernera. Jusqu'à ce que la police locale ait été reconnue par le gouverneur en état de faire face à tous les devoirs qui lui seraient imposés en temps ordinaire, les routes de Beyrouth à Damas et de Saïda à Tripoli seront occupées par les troupes impériales. Ces troupes seront sous les ordres du gouvernement de la Montagne.

En cas extraordinaire et de nécessité, et après avoir pris l'avis du medjlis administratif central, le gouverneur pourra requérir auprès des autorités militaires de la Syrie l'assistance des troupes régulières.

L'officier qui commandera ces troupes devra se concerter avec le gouverneur de la Montagne, et, tout en conservant son droit d'initiative pour toutes les questions de stratégie et de discipline, il sera subordonné au gouverneur de la Montagne durant le temps de son séjour dans le Liban et il agira sous la responsabilité de ce dernier. Ces troupes se retireront de la Montagne aussitôt que le gouverneur aura officiellement déclaré à leur commandant que le but pour lequel elles ont été appelées a été atteint.

Art. 16. La Porte ottomane se réservant le droit de lever, par l'intermédiaire du gouverneur du Liban, les 3,500 bourses qui constituent aujourd'hui l'impôt de la Montagne, impôt qui pourra être augmenté jusqu'à la somme de 7,000 bourses lorsque les circonstances le permettront, il est bien entendu que le produit de ces impôts sera affecté avant tout aux frais d'administration de la Montagne et à ses dépenses d'utilité publique ; le surplus seulement, s'il y a lieu, entrera dans les caisses de l'État.

Si les frais généraux strictement nécessaires à la marche régulière de l'administration dépassent le produit des impôts, la Porte aurait à pourvoir à ces excédants de dépenses.

Mais il est entendu que pour les travaux publics et autres dépenses extraordinaires, la Sublime-Porte n'en serait responsable qu'autant qu'elle les aurait approuvés.

> Arrêté et convenu à Péra le 9 janvier 1861,
> (Signé) : Aoli, Henri L. Bulwer, Lavalette,
> Prokesch-Osten, Goltz, Lobanow.

Ce règlement a été complété par le protocole suivant :

Protocole adopté par la Porte et les représentants des Grandes-Puissances à la suite de l'entente à laquelle a donné lieu de leur part l'examen du projet de règlement élaboré par une commission internationale pour la réorganisation du Liban. Ce projet de règlement daté du 1er mai 1861, ayant été, après modifications introduites d'un commun accord, converti en règlement définitif, sera promulgué sous la forme de firman de S. M. I. le Sultan, et communiqué officiellement aux représentants des Grandes-Puissances.

L'article 1er a donné lieu à la déclaration suivante, faite par son Altesse Ali-Pacha, et acceptée des cinq représentants. Le gouverneur chrétien, chargé de l'administration sera choisi par la Porte, dont il relèvera directement. Il aura le titre de muchir et il résidera habituellement à Deir-el-Kamar, qui se trouve placé sous son autorité directe. Investi de l'autorité pour cinq ans, il sera néanmoins amovible, mais sa révocation ne pourra être prononcée qu'à la suite d'un jugement. Trois mois avant l'expiration de son mandat, la Porte, avant d'aviser, provoquera une nouvelle entente avec les représentants des grandes puissances.

Il a été entendu également que le pouvoir conféré par la Porte à ce fonctionnaire de nommer sous sa responsabilité les agents administratifs, lui serait conféré une fois pour toutes, au moment où il serait lui-même investi de l'autorité et non pas à propos de chaque nomination.

Relativement à l'art. 10, qui a trait aux procès entre les sujets ou les protégés d'une puissance étrangère d'une part, et les habitants de la Montagne, d'autre part, il a été convenu qu'une commission mixte siégeant à Beyrouth serait chargée de vérifier et de réviser les titres de protection.

Afin de maintenir la sécurité et la liberté de la route de Beyrouth à Damas en tous temps, la Sublime-Porte établira un blokhaus sur le point de la susdite route qui lui paraîtra le plus convenable.

Le gouvernement du Liban pourra procéder au désarmement de la Montagne lorsqu'il jugera les circonstances et le moment favorables.

Péra, le 9 janvier 1861.